百香果

种植管理技术应知应会
100问

周俊良　主编

中国农业出版社
北京

图书在版编目（CIP）数据

百香果种植管理技术应知应会100问 / 周俊良主编 . —
北京：中国农业出版社，2023.2
ISBN 978-7-109-30439-0

Ⅰ.①百… Ⅱ.①周… Ⅲ.①热带果树－果树园艺—
问题解答 Ⅳ.①S667.9-44

中国国家版本馆 CIP 数据核字（2023）第 031599 号

中国农业出版社出版

地址：北京市朝阳区麦子店街 18 号楼
邮编：100125
责任编辑：高宝祯 赵钰洁
版式设计：杨 婧 责任校对：吴丽婷
印刷：中农印务有限公司
版次：2023 年 2 月第 1 版
印次：2023 年 2 月北京第 1 次印刷
发行：新华书店北京发行所
开本：720mm×960mm 1/16
印张：5.5
字数：100 千字
定价：29.60 元

编审及摄影人员名单 •••

主　　编　　周俊良

副主编　　陈　楠　　袁启凤　　杨润秋

参　　编　　邵　宇　　陈海燕　　刘华均　　王立娟

　　　　　　史斌斌　　颜培玲　　曾　帆　　赵晓珍

　　　　　　林海波　　陈泫月　　张雯娟　　张璐璐

　　　　　　杨喜翠　　冷云星　　张诗莹　　王红林

　　　　　　肖图舰　　靳志飞

顾　　问　　向青云　　马玉华

摄　　影　　曾　帆　　陆宇堃

视觉合作伙伴　　中国国家地理·地道风物

Foreword 前 言

　　贵州省热带亚热带果树栽培历史悠久，凭借良好的热量条件与气候优势，柑橘、枇杷、香蕉、杨梅等传统热带亚热带果树已具备一定的规模与影响力。"十三五"以来，以百香果、火龙果等为代表的一系列新兴热带亚热带果树在贵州省引种试种成功，促进了对贵州省热区潜力的进一步开发与利用，使组织完善、树种丰富的贵州热区果树产业体系逐渐成形。

　　贵州省在20世纪90年代引进种植百香果，2010年开始商业化种植。近年来，在脱贫攻坚和农村产业革命的推动下，贵州省百香果产业实现了快速发展。百香果作为当年种植当年见效的果树，属于"短、平、快"产业，又因经济效益高等特点，被纳入全省农业产业裂变发展项目，种植规模迅速扩大，从2016年的0.5万亩发展到2020年的17.5万亩。在贵州省发展百香果是贯彻落实党中央、省委省政府关于推进农村水果产业革命的有效举措，是贵州"按时打赢"脱贫攻坚战的重要保障，也将是贵州在"十四五"期间无缝衔接乡村振兴的重要载体。

　　《百香果种植管理技术应知应会100问》主要针对百香果在种植过程中常见的问题进行解答，目的是让百香果种植和生产主体了解、知道和掌握百香果种植管理的基本知识和基本技能。本书主要包括百香果概述、环境要求与适宜性、品种、种苗、栽培模式、定植、田间管护、病虫草害防治、采收与贮藏、果园冬季管理、采后加工等方面的内容，以一问一答的形式，全面普及百香果种植知识，便于果农快速掌握种植技术要点，以期为推动百香果产业在贵州省乃至全国主产区健康稳定发展贡献力量，助力乡村振兴。

编　者

2022 年 6 月

Content 目 录

一、百香果概述

 . 什么是百香果?

　　百香果学名西番莲，又被称为鸡蛋果、热情果、巴西果、西番果、转心莲等，是西番莲科西番莲属的热带常绿攀缘性草质藤本植物，广泛种植于我国南方热带、亚热带地区。百香果果实酸甜适中，风味浓郁，含有 100 多种香气成分，享有"果汁之王""水果味精"的美誉。

"果汁之王"百香果

 . 百香果有什么营养与保健价值?

　　百香果果实含有多种人体必需的氨基酸和丰富的糖类、有机酸、维生素、矿物质、膳食纤维、类黄酮等对人体有益的成分，营养丰富而全面。
　　氨基酸是组成蛋白质的基本结构单位，能够提供能量，是一切生命物质之源。百香果中含有 17 种氨基酸，其中有 7 种成人必需氨基酸以及 2 种儿童必需氨基酸。

百香果中的糖主要有蔗糖、葡萄糖、果糖，是百香果重要的风味成分和营养成分。

百香果中的有机酸含量丰富，其含量及组分比例是决定不同品种果实酸度及风味的重要因子，其中琥珀酸具有安神镇静、抗胃溃疡的作用。

维生素是维持人体生命活动必需的一类有机物质，对人体的新陈代谢、生长发育、健康有重要作用。百香果中的维生素含量丰富，其中维生素 C、维生素 E 的含量较多。维生素 C 具有美容美白、提高免疫力的功效。维生素 E 可以促进生殖系统发育、进一步强化免疫系统。

矿物质元素是构成人体组织及维持正常生理活动不可缺少的成分，百香果果汁、果皮、种子中均含有丰富的钾、镁、钙、钠元素，其中钾含量最丰富。此外，还含有铁、锌、钴等多种人体必需的微量元素。

膳食纤维被誉为"第七大营养素"，具有降血糖、降血脂、降血压的作用，能够预防冠心病、动脉粥样硬化等疾病的发生。百香果果皮富含膳食纤维，可作为天然果胶提取利用。

类黄酮是一种抗氧化剂，具有提高人体的抗氧化能力及清除自由基的功效。百香果叶片、果浆、果皮中均富含类黄酮，适当摄入百香果果汁、果脯等加工产品，有延缓衰老、美容养颜的效果。

3. 百香果有什么药用价值？

百香果花、果、根、茎、叶均可入药。《生药学》记载，百香果花穗可用于治疗神经痛、失眠、月经痛及痢疾等，有麻醉及镇静作用。《四川中药志》则记载，百香果茎、叶具有除风清热、止咳化痰和治疗风热头昏、鼻塞流涕的功效。《贵州草药》记载，百香果根可治狂症（精神失常）、痢疾腹痛、骨折，果实可治失眠、经来腹痛。

部分中医药典

4.百香果有什么观赏价值?

百香果枝繁叶茂，花量大，花期长，具有较高的观赏价值。当前广泛种植的百香果品种花型差异相对较小，均为雄蕊 3 枚、雌蕊 5 枚、丝状副花冠多数、花瓣 5 枚、花萼 5 枚，均为向阳开放的结构，花色以白蓝相间为主。其他百香果种类中也有花瓣主色为红色、整花倒垂和无花瓣的类型。不同种类的百香果交错种植，可形成较好的园林景观效果。

各种百香果的花

5. 百香果花是什么结构?

　　花是植物的生殖器官,植物学观点认为花是适宜参与繁殖作用的不分枝的变态短枝。一朵完整的花可以分为五个部分,即花柄、花托、花被、雄蕊群及雌蕊群,而花的排列方式称为花序。

雌蕊

子房

雄蕊

内副花冠

外副花冠

花瓣

花萼

百香果花的结构

（1）花序。花序是花在花序轴上的排列方式，百香果常为聚伞花序，但通常退化为仅存1朵花，也有部分百香果品种的聚伞花序未退化，生有5至多朵花。

（2）花柄。花柄又称花梗，是花朵与茎相连的短柄。百香果的花柄着生于叶腋，其结构形态通常与一年生茎相同。花柄顶端靠近花托的位置常具3枚苞片。

（3）花托。花托是花柄的顶端部分，花的其他各结构按一定方式排列在花托上。百香果的花托在花冠以内的部分延长成柄，又被称为雌雄蕊柄或两蕊柄，部分百香果品种的花托还会在雌蕊群的基部形成膨大且能分泌蜜汁的花盘。

（4）花被。花被着生在花托的外围或边缘部分，是花萼和花冠的总称，大部分植物的花被由扁平状瓣片组成，主要起到保护子房与吸引昆虫的作用。

百香果花的苞片

百香果花的花萼

①花萼。百香果的花萼通常由5枚离生的整齐萼片组成，萼片与花瓣近等长，其正面主色与花瓣颜色相近，背面通常为浅绿色或绿色，萼片边缘着生1～3对腺体，顶端常具绿色角状附属器1枚。小部分百香果品种不具花萼。

②花冠。百香果的花冠分为三个部分：花瓣、外副花冠与内副花冠，后者色彩多为白色、紫色或红色，百香果的花瓣多为1轮，由5枚分离瓣片构成，与花萼交替组成辐射对称的花被主体。除此之外，花瓣上方还具1～3轮色彩鲜艳的外副花冠与1～3轮内副花冠。外副花冠常为丝状，多数，辐射对称，外两轮长度一般不超过花瓣，内一轮长度较短，末端具球状腺体。内副花冠常为流苏状包裹于雌雄蕊柄周围。

外副花冠：多数丝状，色彩鲜艳，不同品种差异较大。

内副花冠：多数，流苏状，大多主色与外副花冠相近。

百香果特有的副花冠结构

外副花萼纯色

外副花萼杂色

外副花萼舒展　　　　　　　　　　　外副花萼卷曲

（5）雄蕊群。雄蕊群是一朵花中雄蕊的总称。百香果的雄蕊群由5枚相互分离等长的雄蕊组成，位于花被的上方，在雌雄蕊柄上呈轮状排列。雄蕊由花丝和花药两个部分组成，花丝呈扁平带状，顶端与花药背面的一点相连，整个雄蕊呈丁字形，称为丁字着药，花药由2个花粉囊组成，中间由药隔相连，花粉成熟后，花粉囊自行破裂，花粉由裂口处散出。

（6）雌蕊群。雌蕊群是一朵花中雌蕊的总称，由柱头、花柱和子房三部分组成，而心皮是构成雌蕊的单位，是具生殖作用的变态叶。百香果的雌蕊由3枚心皮构成，被称为合生雌蕊。

百香果的雌蕊群与雄蕊群

①柱头。柱头位于雌蕊的顶端，是接受花粉的部位，百香果的柱头常膨大成头状，在传粉时不产生分泌物，但柱头表面存在亲水性的蛋白质薄膜，能从

雌蕊直立

薄膜下角质层的中断处吸收水分，达到吸附花粉的作用，这种柱头被称为干柱头。

②花柱。花柱是柱头和子房之间的连接部分，也是花粉管进入子房的通道，当花粉管沿着花柱生长并进入子房时，花柱能为花粉管的生长提供营养。

③子房。子房是雌蕊基部的膨大部分，子房的中空部分称为室。百香果的子房着生于雌雄蕊柄之上，是典型的上位子房下位花，3枚心皮彼此以边缘相连接，全部心皮都成为了子房的壁，这样的子房是一室的，所以百香果的子房是3心皮1室。花粉管进入子房后与卵细胞结合发育成胚珠，胚珠是种子的前体，着生在心皮壁上，着生位置常形成肉质突起，称为胎座。百香果的胚珠数目多数，沿着相邻心皮的腹缝线排列，成为若干纵行，这种胎座的排列方式称为侧膜胎座。百香果的子房经过45～60天的发育形成果实。

花末期子房　　　　　　　　　果实初期

6. 百香果果实是什么结构?

被子植物完成受精后，胚珠便发育成种子，而子房将发育成为果实。种子不但可以增殖本属种的个体数量，还可以帮助植物对抗干、冷等不利条件。而果实除了可以保护种子，往往还兼有贮藏养分和辅助种子散播的作用。百香果的果实主要由果皮、汁囊与种子构成。

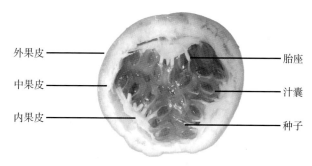

外果皮　　　　　　　胎座

中果皮　　　　　　　汁囊

内果皮　　　　　　　种子

百香果果实结构

果皮由内果皮、中果皮及外果皮构成。外果皮根据品种不同颜色差异较

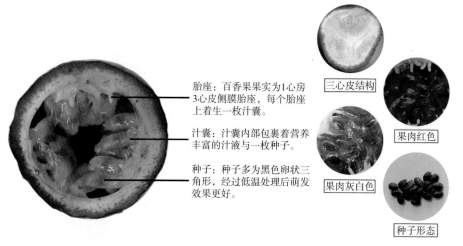

胎座：百香果果实为1心房3心皮侧膜胎座，每个胎座上着生一枚汁囊。

汁囊：汁囊内部包裹着营养丰富的汁液与一枚种子。

种子：种子多为黑色卵状三角形，经过低温处理后萌发效果更好。

三心皮结构

果肉红色

果肉灰白色

种子形态

百香果果实内部结构

大，部分品种表皮有明显皮孔；中果皮纤维丰富，可用于果脯加工，部分品种内果皮较厚，可以鲜食；胎座着生于内果皮上，一些百香果品种内果皮易脱落分离。

百香果果实的每个胎座上着生1枚汁囊。汁囊内部包裹着营养丰富的汁液与1枚种子，被认为是百香果的果肉，不同种类的百香果果肉颜色有所不同。种子多为黑色卵状三角形，经过低温处理后萌发效果更好。

. **百香果茎叶是什么结构?**

茎是联系根、叶并输送水、无机盐和有机养料的轴状结构，是植物的营养器官之一，同时也具有支持植株的作用。茎有节和节间，茎上生叶和芽的位置叫节，两节之间的部分为节间。着生叶和芽的茎称为枝，百香果的枝不分长短枝，所有的节上都可以生出花芽、枝芽与卷须。

百香果茎叶结构

不同种类的百香果叶片差异较大，除了叶片颜色与大小的差异之外，就叶片形状来说，有不裂、三裂及五裂的差异；从叶片质地上看，有纸质与革质的差异；从托叶形状上看，有披针形与肾形的差异；从叶脉颜色上看，有紫红色与黄绿色的差异。

百香果的蜜腺通常着生于苞片叶缘及叶柄处，不同种之间蜜腺的数量、颜色、形状、着生位置各不相同。植株养分充足时蜜腺会分泌含糖液体吸引蚂蚁、瓢虫等有益昆虫，以达到驱赶、控制害虫的作用。

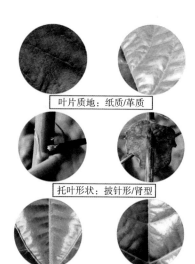

叶片质地：纸质/革质

托叶形状：披针形/肾型

叶脉颜色：紫红色/黄绿色

叶片形状：不裂/三裂/五裂

百香果叶片性状差异

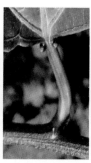
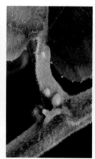

不同种类的百香果蜜腺

二、百香果环境要求与适宜性

. 贵州是否适合发展百香果产业?

贵州在20世纪90年代引进种植百香果,2010年开始商业化种植。在种植技术落后、管理水平低、产量较低的情况下,百香果果实仍风味好、品质佳。经过多年栽培技术的研究示范与推广,当前省内部分果园亩*产已达1 500千克以上,说明贵州部分地区适宜种植百香果,农户可以按照百香果对光、温、水、土壤的要求选择省内低海拔富热量河谷区域进行种植。

贵州百香果基地

. 贵州发展百香果产业有什么优势?

(1)贵州省气候条件优越、光温水充足、雨热同季,适宜作物的生长发育,都柳江流域、南北盘江流域、红水河流域等低海拔富热量地区是百香果的

---

* 亩为非法定计量单位,1亩≈667 米²。——编者注

适宜种植区。

（2）贵州省地形以山地为主，昼夜温差大，利于果实中糖分和有机物的积累，相对隔绝的地形大幅降低了病虫害的传播速度。同时，山区较高的紫外线辐射一方面减少了菌类病害的发生，另一方面也有利于果品着色，外观品质明显提升。

（3）贵州省山区工业发展较少，环境污染轻，有发展绿色、有机果品得天独厚的条件。

贵州生产的优质百香果

10. 百香果对光照有什么要求？

百香果对光照要求较高，最适年日照时数为 2 300～2 800 小时。充足的光照可促进枝蔓生长与营养积累，有利于百香果开花结果和果实品质提高。

贵州省整体光照条件可基本满足百香果生长要求，建园应注意选择平地或者向阳缓坡，避免在谷地和山林边建园，避免正东西向成行。此外百香果营养生长旺盛，及时合理地整形修剪也是保证其通风透光的关键。

11. 百香果对温度有什么要求?

百香果喜温,耐热,怕寒和霜冻,最适生长温度为 20～30℃,授粉坐果温度不宜超过 35℃,年平均气温 18℃ 以上且冬季无零下温度的地区最适宜种植。

年均温 17℃,4 月均温 17.5℃,10 月均温 19℃ 的区域基本可以满足百香果种植的温度要求。典型种植区域主要集中在都柳江流域、红水河流域、南北盘江流域的低海拔富热量河谷地区,包括从江、榕江、罗甸、望谟、平塘、镇宁、贞丰、安龙等地。

12. 百香果对水分有什么要求?

百香果是喜湿润的浅根性植物,不耐旱也不耐涝,最适年降水量为 1 000～2 000 毫米。水分不足会导致叶片卷曲脱落、果实小、果汁少等;水分过多容易导致根系缺氧、腐烂,叶片变黄,植株弱小,进而整株植株死亡。

贵州省总降水量可基本满足百香果对水分的需求,但部分地区仍会出现工程性或季节性缺水。缺水区域的果园应尽可能配套建设蓄水或灌溉设施,保障灌溉用水,如遇长期高温干旱天气应及时给百香果植株补水。平地或梯地果园应选择起垄栽培,开挖排水沟,避免果园受涝。

13. 百香果对土壤有什么要求?

百香果种植需要疏松、肥沃、灌排良好的中酸性土壤,其中以 pH 5.5～6.5 的沙壤土、红壤土最为适宜。土壤中不可有百香果易感的各类病菌,不可有农业废弃物、工业垃圾等其他污染源。

选择土壤疏松、肥沃、灌排水良好的平地、缓坡地或梯地建园,不宜在土壤板结且不透水、不透气的水田建园。在肥力条件较差的土地或生土地建园时，应提前利用农家肥等有机肥进行土壤改良。在多年连续种植的土地建园时，应注意翻晒消杀病菌，并注意定期将农业废弃物清理出园。

14. 百香果是否存在重茬问题？

百香果不存在传统意义上的重茬问题，但连续多年在同一地块上种植仍会对其生长有一定影响。

（1）多年固定在同一块地上种植，由于同一种作物根系对养分的选择性吸收，很容易导致土壤养分失调，缺素症会越来越严重。

（2）百香果根系生长过程中会不断分泌有机酸类、醇类、醛类、生物碱等物质，在土壤中积累过多会对根系产生自毒作用。

（3）菌类病害、虫卵及其携带的病毒等在土壤中越冬，会对新苗产生危害。

同一地块连续种植时，应在每年定植前一个月平整翻晒土壤，同时撒入少量生石灰，消杀残留病菌与虫卵。

15. 百香果园如何改良土壤？

（1）全园旋耕翻耕，改善土壤透气性与松软度。

（2）翻晒并加石灰或高锰酸钾等杀菌剂消毒。

（3）施放农家肥等有机肥改善土壤肥力，提高有机质含量。

（4）偏酸性土壤可以通过少量多次撒生石灰逐步调节。

三、百香果品种

16. 百香果有哪些种类？

　　百香果在我国的主栽种类为紫果类和黄果类，除此之外还有绿皮果类、大果类、热情果类等在我国进行试种。紫果类酸甜适中、香味浓郁，是当前种植面积最大的百香果种类，也是百香果加工产品的主要原料；黄果类香味较淡，但甜度较高，鲜食接受度更高；绿皮果类具有明显的荔枝香味，抗病性也相对较好；大果类果实硕大，果皮可鲜食；热情果类甜度较高，但对栽培环境要求较高。

紫果类百香果

黄果类百香果

大果类百香果

绿皮果类百香果　　　　　　　　　热情果类百香果

 当前百香果的主栽品种有哪些？

百香果的主栽品种当前以紫果类与黄果类为主。紫果类品种主要有台农1号、紫香1号等，其中台农1号产量较高、适应性强，在我国各大产区广泛种植。黄果类品种主要有芭乐味黄金百香果、钦蜜9号等，其中芭乐味黄金百香果适应性相对较好；钦蜜9号产量品质更优，但抗寒性相对较弱。

 贵州适宜什么主栽品种？

贵州百香果适宜种植区多为海拔200～800米的富热量山区河谷，部分区域在2—4月具有回温晚、回温慢、易发倒春寒、偶遇冰雹的气候特点，故选择抗寒性相对更好的台农1号作为贵州百香果主栽品种。海拔低、温度稳定的区域可以适当种植芭乐味黄金百香果或钦蜜9号。

台农 1 号在贵州的挂果表现

19. 如何选择百香果品种?

紫果类百香果生长旺、产量高,适应性较好,管理难度相对较低;黄果类百香果前期生长速度慢,耐寒性较差,管理难度较紫果更高。建议首次种植或经验较少的农户选择紫果类品种,经验丰富的农户可在温度适宜的地区适量种植黄果类品种。

四、百香果种苗

. 百香果种苗类型有哪些?

百香果种苗的类型主要有实生苗、扦插苗、嫁接苗、组培苗。

（1）实生苗。即使用百香果种子直接播种培育出来的种苗。当年不易生成花芽，需经历幼苗期才会开花结果，产量、品质不稳定，不建议在生产中使用。

（2）扦插苗。即由百香果茎无性繁殖而成，保持了母本性状，且价格较低，但因只具备不定根，根系入土浅，不抗旱，抗病性较弱，易感根腐病、茎基腐病，不宜在湿度大、排水不良的地块种植。

（3）嫁接苗。当前生产上主要选择抗病性较好的黄果类品种作为砧木，嫁接优质紫果类或黄果类品种，此种嫁接苗根系健壮且抗病性强，较扦插苗生长速度更快、产量更高。

百香果实生苗　　　　　　　　　　　百香果扦插苗

百香果嫁接苗　　　　　　　　　　百香果组培苗

（4）组培苗。即一般利用百香果茎尖等外植体，在无菌和适宜的人工条件下，培育成的完整植株，主要用于百香果母本园的建立。

21. 如何选择百香果嫁接苗和扦插苗？

嫁接苗价格相对较高，但生长速度快、根系更完整，且砧木抗性较强。扦插苗价格较低，但是易感根部疾病，且长势较嫁接苗稍弱。在多雨、潮湿、水田建园的果园或者间套作的果园请务必使用嫁接苗。

22. 如何辨别百香果苗木的好坏？

辨别百香果苗木质量主要通过"三看"。一看大小，以株高 0.3～0.5 米、茎粗 3～6 毫米、有 3～5 片完全叶为宜。苗木太小则植株长势弱，太大则运输过程中容易受损。二看叶片，以厚实有光泽、无病斑为宜。三看根系，以白根繁多且苗壮为宜。

优质百香果苗

叶片厚实有光泽、无病斑

根系苗壮、白根繁多

23. 百香果选择大苗定植有什么好处?

株高在 80 厘米以上的苗木称为大苗。定植大苗可以缩短百香果植株上架

百香果常规苗

百香果大苗

的时间，提早开花结果，避免第二批花盛开时因温度过高影响授粉，同时避免最后一批果因气温过低不易着色。

有条件的种植主体可提前购进小苗木，在温室内培养至 80 厘米以上后再定植，可减少因植株过小在运输过程中造成的机械损伤。

五、百香果栽培模式

 24. **百香果有什么栽培模式?**

百香果在我国的栽培模式主要有以下三种:

(1)一年一种模式。即每年重新种植新苗的栽培模式,此模式规避了百香果病毒病对果园的危害,但在贵州大部分种植区不能越冬。

(2)两年一种模式。即在一年一种的基础上,通过修剪与冬季管理,使百香果植株越冬栽培,达到翌年挂果时间提早的目的,但其对种植地冬季温度、植株病虫害防控、果园冬季管理均有较高的要求,翌年修剪管理费用较高,通常不建议贵州果园使用两年一种模式。

(3)反季节种植模式。即在热量条件较好的地区(年均温大于18℃,冬季无零下温度),可在秋季8—9月定植,3—5月果实大批量上市。其优点是填补了春节后百香果市场的空档,果品价格较高,但此模式对冬季温度要求更高,贵州一般需要利用大棚等设施才可进行百香果反季节种植,早春或秋季种植均可。

25. **贵州适宜什么栽培模式?**

贵州省主要适宜一年一种的百香果栽培模式,其管理相对简单,一般为2—4月定植,最早5月底采果,每年采收2~4批商品果,12月前后清园以便为翌年种植做好准备。

26. 百香果可间作在哪些果园内?

　　枇杷、柑橘、牛油果等热带亚热带果树生长所需的气候环境条件与百香果接近,幼龄果园可间作百香果以增加土地利用率与收入。间作时适当降低百香果架材高度,注重修枝整形,避免遮挡光照,影响果园内枇杷等果树的生长。

牛油果与百香果间作

枇杷与百香果间作

27. 百香果园适合间作哪些经济作物?

百香果垂帘式标准园通风透光程度较高，也可间作一些不易携带病菌或病毒的矮秆经济作物，通常选择间作菠萝、西瓜、覆盆子、刺梨等。

百香果与菠萝间作

28. 百香果园不宜套作哪些农作物?

百香果对病毒病抗性相对较差，即使使用脱毒种苗，也有可能在生产中被周围植物传染，其中茄科植物最易携带百香果病毒病，所以百香果园中不宜套作辣椒、茄子、番茄、马铃薯、枸杞、烟草等茄科植物。

六、百香果定植

29. 百香果一般在什么时间定植?

百香果全年均可定植,但贵州省以春季定植最为适宜,一般选择3月中旬倒春寒之后的阴天或细雨天进行,若遇连续晴天,应避免中午定植。具体时间根据园区所在地的气候条件决定。春季定植如遇灾害性气候(如倒春寒),应提前搭小拱棚或覆膜对植株进行保护。

30. 百香果定植前如何施底肥?

一般建议在建园整地时将农家肥或复合肥、平衡复合肥和钙镁磷肥等底肥翻入土中拌匀,然后在翻好的土壤上挖定植坑,定植坑上面覆盖厚度10厘米

百香果定植前施底肥

以上的熟土，确保定植百香果时根系不接触底肥。每株百香果建议施5千克充分腐熟的农家肥等有机肥＋0.5千克平衡复合肥＋0.15千克钙镁磷肥，作为底肥。

31. 百香果适宜株行距是多少？

百香果定植前须确定株行距。规模较大的百香果园，株行距一般是2米×2米。不规则百香果园株距一般为2～3米，无固定行距。在气候环境适宜、土壤肥沃、管理技术能跟进的情况下也可适当地进行密植。和其他作物间套作时，在不影响果园光照、养分的需求下根据果园实际情况确定株行距。

32. 百香果如何定植？

定植要做到深挖坑、浅植苗。定植前，用生根粉溶液浸透苗根。定植时，将苗木对齐横排和竖排，轻轻放入已施下底肥的定植坑内并扶正。用细碎土壤盖过根系，覆土厚度不超过1厘米。浇足定根水，如遇强烈光照，可对植株进

百香果定植后的果园

行遮阳或覆盖地膜，减少水分蒸发。对有营养袋且影响根系生长的苗，需要轻拍取出再种植。嫁接苗一定要露出嫁接口，且嫁接的砧木接口放在背风方向，以防被风吹断。

 ## 33. 百香果定植时为什么要深挖坑？

百香果定植前要挖定植坑，定植坑要挖大挖深，深度为60～80厘米。深挖坑的目的：一是充分松土，增加土壤透气性；二是方便充分施足底肥，改良土壤，且在后期定植时确保底肥与苗木根系有一定距离，利于后期百香果根系的生长。

 ## 34. 百香果定植时为什么要浅植苗？

百香果是浅根系作物，其根系对外界温度比较敏感，若栽种过深，土壤温度过低，根系不易感受外界温度，造成根系生长缓慢，地上部植株生长受影响；茎基部生长点易被压制，影响整体长势；底部的叶片接近地面也容易遭受病虫害侵染。因此，百香果定植时应浅植苗。

 ## 35. 百香果定根水浇多少？

百香果定植后必须浇透定根水，促使植株更快适应新环境，恢复生长。果苗定植完成后，用容器或水管在植株周围淋水时，切忌直接喷洒植株或将植物冲倒。浇透水的判断标准是树盘内的水不会迅速渗入土壤，当有水溢出时为止。

七、百香果田间管护

36. 百香果标准管理成本有多少？

百香果果园的投入主要有支架、苗木、肥料、用药、人工等费用。

（1）支架。每亩使用2.2米高的立柱60根。若使用竹竿作为立柱，则每亩花费60根×3元/根＝180元。若就近取材则不用支出立柱费用。每亩使用塑钢绳约500米，花费500米×0.2元/米＝100元。

（2）苗木。山地果园每亩种植百香果优质苗木约120株。建议购买优质健康嫁接苗，每亩花费120株×5元/株＝600元。

（3）肥料。每株施底肥包括5千克商品有机肥、0.5千克氮磷钾复合肥、0.15千克钙镁磷肥，每株花费5千克×0.8元/千克＋0.5千克×4元/千克＋0.15千克×1.2元/千克＝6.18元，每亩花费6.18元/株×120株≈742元。若使用农家肥代替商品有机肥，则可节省480元。每株追施尿素0.1千克、氮磷钾复合肥0.5千克，每株花费0.1千克×3元/千克＋0.5千克×4元/千克＝2.3元，每亩追肥花费2.3元/株×120株＝276元。每亩肥料合计花费1 018元，若使用农家肥代替商品有机肥，则仅花费538元。

（4）用药。每亩全年用药约15次，每次用药花费约20元，合计花费约300元。

（5）人工。百香果标准园每亩全年用工约30个，花费约3 000元。若农户自己管理则不产生或仅产生少量用工费用。

37. 百香果标准管理下能收益多少？

标准管理下每株百香果每批次挂果约100个，按16个果1千克、每年产

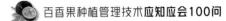
果至少两批、商品果率80%计，每亩产量约1 200千克。按全年百香果平均价6元/千克计，每亩收益约7 200元。

38. 为何要起垄种植百香果？

（1）起垄能将土壤表面的熟土都集中到垄上，增加熟土利用率，以更大程度满足百香果对养分的需求。

（2）翻土与起垄可增强土壤的透气性，更利于百香果的根系生长发育。

（3）起垄可在保持土壤湿润的同时排出多余水分，使百香果不易受旱受涝。

起垄种植百香果

39. 为什么要在百香果园挖排水沟?

百香果易感根腐病和茎基腐病,该病可导致植株黄叶、落叶、枯萎甚至死亡。平地、梯地等排水不畅的果园易在雨季积水,合理开挖排水沟可及时排水,防止涝害,降低果园湿度,从而减少根腐病、茎基腐病等病害的发生。

百香果园不正常积水

40. 百香果园怎么挖排水沟?

平地建园须沿垄向垂直方向深挖主排水沟,保证每条垄间积水都可以汇入主排水沟。主排水沟间距不能超过100米,且保留一定坡度,保证水能顺利排出，不积水。

梯田建园须预留泄洪口，若因地形不规则无法形成泄洪口，可在每个梯面开挖间距不小于 30 米的排水口，保证多余水分沿各层排水口排出。

缓坡建园保证雨水能正常排出即可。

百香果园深挖排水沟

 41. 百香果栽培架式有哪些?

百香果栽培架式主要包括篱壁架、平顶棚架、"人"字形架、"T"形架等，使用最多的架式为篱壁架和平顶棚架。根据种植地形条件，选择合理的架式进行搭建，支柱要牢固，能支撑铁丝的拉力和枝蔓、果实的重量。

（1）篱壁架。通风透光好，操作方便，适合密植和机械化管理。

（2）平顶棚架。果实全部悬挂于棚架下部，果实整齐，观赏性好，采摘方便，但不利于整枝修剪及喷施农药，常造成百香果枝蔓生长过密、通风透光不良、病虫害严重等。

（3）"人"字形架。架型稳定，但支架占地面积大，整形修剪相对较麻烦。

（4）"T"形架。与篱壁架类似，但不适合密植与机械化操作。

篱壁架

平顶棚架

42. 贵州种植百香果适宜采用什么栽培架式？

　　篱壁架通风透光好、操作方便，且不易滋生病虫害，适合密植和机械化管理，是贵州适宜的栽培架式。棚架观赏性好，可在观光采摘园区小规模使用。

篱壁架挂果

43. 立柱及拉绳主要使用什么材料？

　　架材支撑柱通常选用水泥柱、热镀锌钢管、竹竿或木棒等，拉绳主要选用塑钢线、铝钢线、镀锌线、铁丝等。

水泥柱建园　　　　　　　　　　　　竹竿建园

44. 不同立柱材料有何优缺点？

钢管和水泥柱都具有强度高、稳定性好、使用寿命长的优点，但价格较昂贵，建园成本高；竹竿使用寿命短，只有1～2年，但可就地取材，价格便宜，建园成本低。

 45. 不同拉绳材料有何优缺点？

铝钢线价格贵，但使用寿命长；镀锌线、铁丝、塑钢线价格适中，寿命相对较长，但镀锌线和铁丝在夏季高温时易吸热烫伤植株。

 46. 是否可以使用爬藤网？

爬藤网价格便宜、寿命短，但作为拉绳容易导致植株乱长，不利于整形修剪，且因遮挡阳光导致病虫害滋生，不建议使用。

 47. 在贵州种植百香果适合使用哪种材料组合？

大规模标准化种植时，适宜使用水泥柱＋塑钢线组合，其建园成本相对较高，但使用寿命长。

农户小规模种植时，适宜使用竹竿＋塑钢线组合，建园成本较低，且可就地取材，进一步降低成本。

48. 百香果为什么要覆膜种植？

覆膜具有较好的保温、防草、保水、控水作用。可以提高地温，有利于在春季更早地定植百香果；遇到倒春寒等降温天气时可以保护幼苗，降低损害。不利于杂草生长，减少除草劳动力成本。可以减少水分蒸发，减少浇灌次数。可以降低果实采收前对水分的吸收量，提高果实甜度。

49. 百香果覆膜一般选哪种膜？

百香果果园常用的地膜有无色透明塑料膜、黑色塑料膜和防草布三种。无色透明塑料膜主要起保温、保水的作用，黑色塑料膜和防草布还具备防草作用。塑料膜成本低、寿命短、易损伤、不透水、不透气，夏季温度高时要撕膜，防止烫伤根部。防草布价格贵、寿命长，透水及透气性比塑料膜好，覆膜时建议使用防草布。

果园覆黑色塑料膜

果园覆防草布

50. 百香果定植时需要用什么药?

百香果定植后,立即使用噁霉灵或多菌灵灌根,对植株喷施多菌灵溶液,将辛硫磷撒施在种苗周围以防治地面害虫。

51. 百香果栽种后牵引杆怎么插?

百香果属于藤本攀缘类植物,牵引杆的作用是使植株主牵引蔓攀缘上架。定植缓苗期过后,植株开始生长,此时需要插牵引杆。牵引杆一般选择长2米左右的细竹竿或茅草秆,插在距离植株茎基部5～10厘米处,即杯苗基质与土壤分界处。牵引杆应尽量直立,顶端搭在拉线上。

及时插好牵引杆

52. 如何给百香果浇水？

百香果幼苗时期和开花结果期要进行适当浇水，保持土壤湿润，以利于根系生长。高温烈日时应在早晨或傍晚浇水。通常采用环浇的方式环绕植株浇水，尽量使茎基部保持干燥。每过一段时间加大环浇圈的半径，以引导植株根系向外发育。

53. 如何给百香果施水溶肥？

水溶肥肥效快，可完全溶解于水中，被作物的根系直接吸收利用，解决作物快速生长期的营养需求，同时可应用于水肥一体化技术。

百香果幼苗定植成活后根系较弱，不能快速吸收土壤中的养分，施水溶肥可以快速供应植株营养。施水溶肥的方法与浇水类似，采用环浇的方式，不断加大环浇圈的半径。另外需要注意水溶肥配制的浓度，应按照说明书进行操作，一般尿素、复合肥等水溶肥的浓度不超过 0.5%。

54. 如何给百香果追肥?

百香果在果实大量采收后应及时根施硫酸钾或硝硫基平衡复合肥等固体肥料，以补充树体营养。应在百香果茎基部 50 厘米以外挖环状沟进行施肥，防止因肥料距离植株太近引起烧苗。

环施农家肥

55. 如何给百香果追施叶面肥?

叶面施肥具有用量省、效率高、肥效快、利用率高、效果显著、简便易行等优点。百香果叶面肥主要在花果期喷施，主要有硼肥、磷酸二氢钾等。配制叶面肥时，须按照说明书上的稀释倍数进行操作。另外需要注意的是百香果气孔主要位于叶背，所以叶面肥主要喷施在百香果叶背面，以利于养分吸收。

56. **百香果的缓苗期如何管理?**

百香果苗定植后至开始萌发生长前的时期称为缓苗期,缓苗期根据苗木质量、土壤、天气的不同会持续1~3周。缓苗期幼苗脆弱,应加强管理。

(1) 保证幼苗水分供应,遇连续高温暴晒时应在早、晚及时补水。

(2) 缓苗期不能施肥料,但可在补水时加入生根粉进行催根。

(3) 如遇蟋蟀、蝗虫和甲壳虫等害虫啃食幼叶、幼茎,可在幼苗周围放置3~5粒(约5克)辛硫磷颗粒剂或于傍晚喷施高效氯氰菊酯驱赶。

57. **怎么判断百香果是否度过缓苗期?**

百香果幼苗开始正常生长即表明度过缓苗期,通常可以通过观察顶端是否萌发新芽或地下是否发出新根来判断。

度过缓苗期的幼苗

58. 百香果苗期追什么肥？

幼苗度过缓苗期后即可开始追肥。

（1）苗期植株根系相对不发达，追肥以易吸收的水肥为主。根据土壤干湿情况通常每株每3～7天追施1次1.5千克以上的0.2％尿素＋0.2％生根粉水溶肥。生产上可根据实际将用于提苗的尿素调整为清粪水＋复合肥或其他水溶肥，将用于壮根的生根粉调整为黄腐酸钾或海藻精。如遇连续降水土壤湿润，也可将少量肥料直接撒施在距植株10～20厘米处。

（2）因各种原因前期底肥施放不足的，应将缺少的底肥沟施在距植株20～40厘米处。

（3）苗期叶片较少，若此期进行叶面追肥浪费较多，性价比不高，通常无须在苗期喷施叶面肥。

59. 百香果苗期是否可以保留侧枝？

百香果苗期应保证主蔓尽快上架，若此期保留侧枝会分散养分，弱化顶端优势，所以百香果苗期不宜保留任何侧枝，主蔓上架后可按照垂帘式整形修剪法保留侧枝。

上架前不保留侧枝

60. 百香果苗期是否可以保留花果？

百香果主蔓果成熟时间最早、品质最优，但过早保留主蔓果会消耗大量养分，严重影响主蔓上架时间。生产上应注意观察植株长势及花蕾情况，根据实际保留花果。

（1）主蔓高度不足 0.8 米时，疏除所有花苞。

（2）主蔓高度不足 1.3 米时，疏除所有开放的花朵，暂时保留未开放的花苞。

（3）主蔓接近上架时，可正常保留花果。

61. 如何疏除百香果苗期侧枝及花果？

对于长度 1～5 厘米的幼嫩侧枝或花苞，直接用手指轻抹取下即可。管理不当产生的老化侧枝或幼苗期果实具有一定程度的木质化，若用手强行扯下可能会伤及主蔓，因此需要用剪刀将其剪下。剪时必须对准基部，否则会促发更多的侧枝，同时每剪一株就将剪刀插入酒精溶液瓶进行消毒。

疏除百香果侧枝

62. 为什么要给百香果绑蔓？

百香果为攀缘性植物，但其幼苗期卷须和茎木质化相对较弱，直立生长至上架期间需要进行人工绑蔓。如未及时绑蔓可能会引起幼苗倒伏，影响顶端优势，导致植株生长缓慢，同时也更容易萌发侧枝和花苞，浪费植株养分，还有可能因接触地面而感染病害，影响植株健康。

 63. 如何给百香果绑蔓？

定植后应马上将植株直立轻绑在牵引杆上。捆绑材料可使用塑料绳等。捆绑时应注意松紧度，若捆绑太松易被大风吹落或造成植株摇晃擦伤；若捆绑太紧则导致植株长粗后勒伤。使用绑蔓机进行绑蔓可大幅提高绑蔓效率，降低人工成本。

 64. 百香果苗期在什么情况下需要施药？

百香果苗期病害相对较少，施药的主要目的是预防病害。

（1）集中抹芽后，植株易产生幼嫩伤口，应马上喷施一次杀菌剂。

（2）连续阴雨潮湿天气容易滋生病菌，应在雨后喷施一次杀菌剂，如异脲菌。

（3）若出现植株幼叶、幼芽被蟋蟀、甲壳虫等地面害虫啃食的情况，将辛硫磷撒施在植株周围，并于傍晚叶面喷施高效氯氟氰菊酯。

 65. 哪些情况需要补苗换苗？

收到苗木后应仔细观察其规格及健康状况，未达到要求的苗木坚决退换。

除此之外，定植后也会出现一些情况需要进行补苗换苗：

（1）若幼苗定植后发现有明显病毒病症状出现，且花叶、卷叶严重，应及时拔掉并带出果园集中销毁，对种植坑进行消毒后再补苗种植。

（2）地面害虫猖獗导致植株嫩芽、嫩叶、嫩茎被啃食严重时也应及时补苗换苗。

（3）定植3周后仍不见萌发新芽或新根的僵苗，也可以考虑换掉。

（4）若有其他不可逆情况导致苗木病弱死亡的，也应及时进行补苗。

什么是百香果的主蔓、一级蔓、二级蔓、三级蔓？

为便于生产上分类管理，将百香果的各级枝条分为主蔓、一级蔓、二级蔓及三级蔓。

百香果幼苗沿牵引杆攀缘上架的枝条称为主蔓，主蔓具有一定的结果能力，一般可结5～6个优质大果。

一级蔓是主蔓直接生出的分枝，一般沿架顶的拉线生长。每株百香果根据架型不同通常保留2～4根一级蔓。2～4根一级蔓可结10～24个优质果。

二级蔓是一级蔓直接生出的分枝，一般呈垂帘式自然下垂。每株百香果根据架型不同通常保留约20根二级蔓，20根二级蔓可结80～100个商品果。

三级蔓是二级蔓直接生出的分枝，生产中一般不保留三级蔓。植株生出过多三级蔓说明肥料配比中氮素过高，会导致营养生长过旺，花果数量不足，果实偏小且风味不佳。

百香果主蔓上架后的摘心方式是什么？

1. 篱壁架　百香果主蔓上架后通常不立即摘心，使全园所有植株主蔓沿拉线相同方向攀缘生长，直到生长至与相邻植株接触时再摘心。

2. 棚架

（1）主蔓摘心，使抽发的枝往四个不同方向生长。

（2）主蔓不摘心，使主蔓往一个方向生长，从主蔓上抽发的三个芽往其他三个方向生长。

 68. **垂帘式整形修剪有什么优点?**

垂帘式整形修剪是指植株所有主要结果枝自然下垂呈垂帘状的整形修剪方法。其主要优点如下:

（1）整个植株几乎没有重叠的枝条，果园通风透光好，病虫害不易滋生，叶片采光均匀，果实养分充足、品相好。

（2）主要结果枝下垂后顶端优势被削弱，不易长成徒长枝，枝条利用率高。

（3）主要结果枝下垂后，其高度易管理修剪，可在一定程度上减少劳动力投入。

垂帘式整形修剪的果园

. 篱壁架如何进行垂帘式整形修剪？

（1）主蔓上架 10 厘米后进行摘心，使顶端附近萌发新芽。

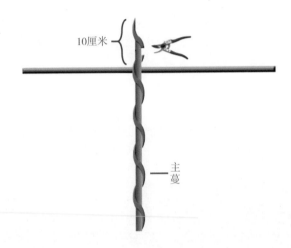

（2）主蔓上保留两个新芽成为一级蔓，沿拉线的两个方向生长。

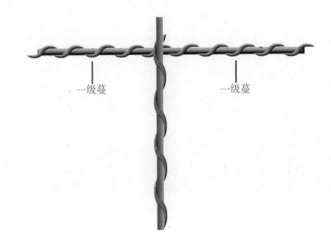

（3）一级蔓长度 1.0～1.5 米时摘心，避免与相邻植株枝条交错，同时诱

导一级蔓萌发新芽。

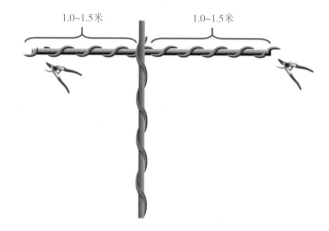

（4）每条一级蔓保留5～8个新芽成为二级蔓，使之自然下垂生长。

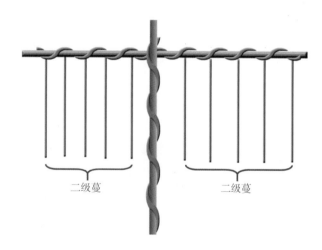

（5）每根二级蔓保留5～8个果，使整株同时挂果量达到80～100个。

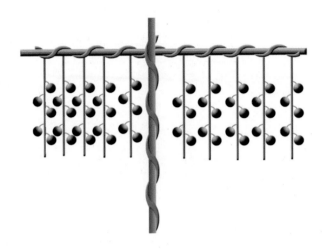

（6）当挂果量达到 80～100 个后，对二级蔓进行摘心，防止其继续生长而分散养分。

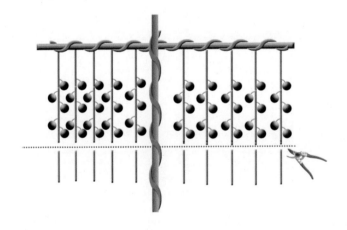

70. 平顶棚架如何进行垂帘式整形修剪？

（1）主蔓上架 10 厘米后进行摘心，使顶端附近萌发新芽。

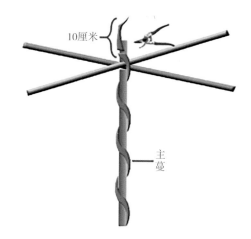

（2）主蔓上保留 4 个新芽成为一级蔓，沿拉线的 4 个方向生长。

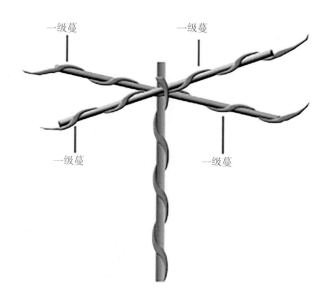

（3）一级蔓长至 1.0～1.2 米时摘心，避免与相邻植株枝条交错，同时诱导一级蔓萌发新芽。

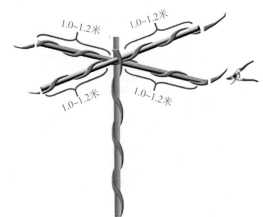

（4）每条一级蔓保留 4～5 个新芽成为二级蔓，使之自然下垂生长。

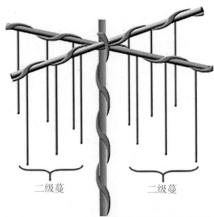

（5）每根二级蔓保留 5～6 个果，使整株同时挂果量达到 80～100 个。

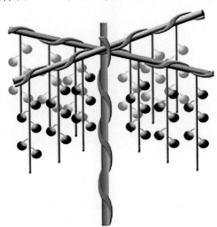

（6）当挂果量达到80～100个后，对二级蔓进行摘心，防止其继续生长而分散养分。

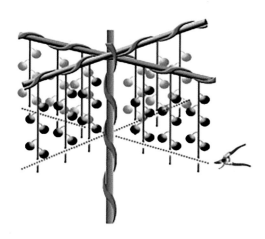

71. 修剪时是否可以不摘心？

实际生产中为了简化管理，提早果品上市时间，也可不进行摘心。使主蔓上架后沿一个方向的拉线生长，作为生长发育更健壮的一级蔓，后续的修剪管理参照垂帘式整形修剪管理方法即可。

代替一条一级蔓的主蔓

72. 如何正确处理徒长枝或不结果枝？

通过拉枝或修剪对徒长枝或不结果枝进行处理。

拉枝：对拉线上抽发的蔓，如往上生长，则要往下或斜立轻拉枝，以抑制营养生长，促进生殖生长。

修剪：若经过拉枝后枝条仍然向上生长、节间较长，或生出 5 节以上未开花结果的徒长枝，直接疏除即可。

疏除徒长枝

73. 如何处理采果枝？

结果枝经采果后，要对其进行缩剪。

缩剪不仅可以把营养供给其他结果枝，还可在适宜的气候环境条件下使采果后的枝条再次结果。缩剪的方法是对采果后的枝条从基部数保留 2 个芽眼后剪掉。缩剪要在晴天进行，若有条件还可对伤口进行 1 次杀菌，有利于更好地愈合生长。

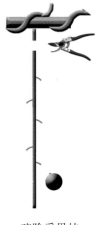

疏除采果枝

74. 百香果修剪时需要注意什么?

百香果修剪时忌重剪，应根据藤蔓状况、架式、结果量进行合理修剪。修剪时的剪口尽量小，最好在晴天操作，让伤口容易愈合。剪掉的枝条或果实要清理出园。

因百香果病毒病是种植中易暴发的病害之一，为减少病菌感染其他枝条，在修剪时必须每修剪一株就对修枝剪进行消毒。消毒剂有酒精、杀菌药剂、生石灰等。

75. 百香果留多少花果合适?

通常主蔓保留 5～6 个果，一级蔓保留 10～20 个果，二级蔓保留 80～100 个果。整株同一时间保留 100 个以下的果实为宜。

76. 如何给百香果疏花疏果？

　　百香果通常不需要直接进行疏花疏果，通过对坐果量达到6～8个的下垂结果枝进行摘心，即可达到控制花果量的目的。

 77. 百香果在花果期用什么肥？

　　百香果一年多次开花结果，所以在开花结果期要有充足的磷肥和钾肥供应，才能更好地开花结果。

　　（1）叶面肥。也叫花前肥，在植株上架后形成的枝条即可开花结果，在开花前需喷施磷酸二氢钾＋硼肥，主要是促进花芽形成和保花。

　　（2）根部施肥。植株上架前期，即把高氮肥换为高钾肥。在距植株主茎50厘米处，挖深度为10厘米的浅沟埋入高钾复合肥（N∶P∶K＝15∶5∶25或16∶6∶24），主要是保证果期正常生长。

 78. 百香果为何需要人工授粉？

　　百香果为自花授粉作物，通常无须授粉，但贵州省百香果主产区7—9月日间温度超过35℃，高温时花粉易干、黏液少，导致坐果率低，所以需要在早上果园初开花时提前进行人工授粉。

79. 如何给百香果进行人工授粉？

　　人工授粉主要是将雄蕊上成熟的花粉采用毛笔、棉签、线手套等均匀涂抹到三个雌蕊上面，忌用力过猛。

人工授粉

 80. **百香果涝灾的应对措施有哪些?**

一是开深沟排水。如果果园水沟不够深,就要补挖排水沟,降低水位。

二是中耕松土。持续降雨易造成土壤板结,因此,应在晴天后结合除草及施肥对果园进行中耕浅锄。

三是施肥。施腐殖酸等肥料修复根系。

四是化学措施。采用生长调节剂(如芸薹素)+杀菌剂(如噁霉灵、甲基硫菌灵等)灌根1~2次,5~7天1次,可预防溃疡病、炭疽病等病菌。

81. **百香果高温应对措施有哪些?**

一是喷水降温。在果树大量开花期,遇到高温天气时,在上午10点前可喷水降温增湿。

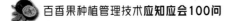

二是人工授粉。高温天气易导致授粉受阻，可进行人工授粉提高坐果率。

三是喷施诱蜂剂引诱蜜蜂授粉。在花期出现高温时使用诱蜂剂，一方面引诱蜜蜂授粉，另一方面增加雌花柱头黏度，提高授粉受精率。

82. 百香果干旱应对措施有哪些？

一是及时灌溉。灌溉量根据水量条件而定；如有条件，尽量使用滴灌、渗灌等措施。

二是中耕松土。松土深度在10厘米以内，以免损伤根系。松土时将土堆到根系周边，做成直径1米的树盘。

三是修剪多余的枝条，减少不必要的植物蒸腾。

四是施抗旱剂（抗蒸剂），减少叶面蒸发。

八、百香果病虫草害防治

83. 如何防治百香果病毒病?

目前已知的可侵染百香果的病毒约 26 种，我国主要有 9 种，贵州省主要有 4 种，分别是烟草花叶病毒、西番莲潜隐病毒、东亚西番莲病毒、夜来香花叶病毒。病毒病发生初期，叶片会出现斑驳、黄化、轻微皱缩等症状，严重时叶片会出现严重皱缩、畸形症状。果实发病时呈现畸形或木质化。可通过以下方法防治：

（1）发病初期可喷施 200 毫克/升的氨基寡糖素或低聚糖素或香菇多糖缓解病情。

（2）做好蚜虫、蓟马等虫害的防治，避免病毒传播。

（3）加强果园管理，注意通风排水、冬季清园；多施有机肥、生物菌肥，增强植株的抗病性。

（4）对染病严重的病叶、病株，应及时清理出园区销毁。

百香果病毒病症状

84. 如何防治百香果根腐病？

百香果根腐病的发病原因主要有低洼种植，田间积水，造成沤根；土壤酸化，透气性差，根部呼吸受阻；地下害虫危害，造成根系出现伤口等。

百香果根腐病主要危害植株根部及根茎部，初期症状主要表现为植株生长势下降，已挂果的植株上的果实较小，植株新梢短，叶片薄、颜色浅、早黄早落，严重时整个植株叶片发黄脱落，甚至整株枯死。

可通过以下措施进行预防：

（1）整地。起垄栽种，挖排水沟，避免低洼种植，做好排水工作，减少田间积水。

（2）改良土壤。多使用有机肥、生物菌肥等改善土壤通透性，保持疏松透气，改善根际土壤微环境，避免根部呼吸受阻。

（3）做好地下害虫的防治工作，减少根部损伤，以降低发病率。

（4）因前期管理不当导致植株发病时，可在发病初期先用甲基立枯磷、噁霉灵等灌根，2～3天后用青枯立克＋沃丰素＋枯草芽孢杆菌或50％甲酸铜＋96％噁霉灵灌根。发病严重的植株应及时挖除，并对病坑土壤进行消毒，防止继续传染。

85. 如何防治百香果茎基腐病？

茎基腐病是由多种病原菌单独或复合侵染造成根系和茎基腐烂的一类病害，侵染真菌主要是镰刀菌，5—8月为发病高峰期。

主要症状：一种是藤蔓迅速凋萎，先在一个或几个枝条上发生凋萎现象，随后全株萎缩，皮下的木质部呈褐色或红褐色，茎基部没有环腐现象；另一种是植株缓慢枯萎，茎基部表面腐烂。

防治方法：用敌磺钠或咯菌腈＋高锰酸钾，每20天灌根1次，预防发病。发病初期，扒开茎基部土壤，刮除病部，用甲霜·噁霉灵、络氨铜等灌根并涂抹病部。已发生茎基腐病的茎蔓，要把腐烂部位刮除后再用瑞苗清＋噻森铜涂

百香果茎基腐病症状

抹病部及周围。

 如何防治百香果炭疽病？

百香果炭疽病为真菌性病害，全年均可发生，但高温多湿、长期阴雨天气更易致病，12～33℃温度下易发病，最适宜的发病温度为25℃。

炭疽病主要危害百香果叶片、枝条和果实。叶片受侵染初期在边缘产生圆形或近圆形病斑，后期病斑会融合形成大斑块，上生黑色小点，发病严重时会导致叶片枯死或脱落；幼嫩叶片或长势较弱叶片被害时，病原菌由叶缘侵入而引起叶缘焦枯。枝条多以幼嫩枝蔓及徒长枝较易感染，初期产生黑色斑点，后斑点逐渐扩大，严重时引起枝条枯死。果实多以幼果受害重，被害时在果实上出现水渍状小黑斑，后黑点周围出现环状黄色病斑，后期幼果出现轮纹状凹陷黑斑，严重时落果；成熟果实受害，果实表面布满黄褐色斑块，严重影响果实外观，且采后容易腐烂。

百香果炭疽病症状

防治方法：防治百香果炭疽病要以预防为主，一旦发现病害要迅速施药。

（1）降低湿度。应注重果园排水，合理修剪，通风透光，减小湿度。

（2）合理施肥。合理施肥可提高植株抗病性，若有感病严重的叶片或果实，应及时清除，避免继续传播。

（3）化学防治。感病初期或清园之后，可用80％代森锌可湿性粉剂、50％多菌灵可湿性粉剂或25％吡唑醚菌酯悬浮剂喷施，每隔10～15天喷施1次，连续喷施2～3次。

 87. 如何防治百香果疫病？

疫病在百香果苗期、成株期均可发生。在冷凉高湿条件下易发病，10～22℃时发病严重。发病初期和雨后为最佳防治期。

百香果疫病主要危害叶片与果实。苗期受到侵染时，茎叶出现水渍状斑，严重时叶片萎蔫，植株死亡。成年植株受侵染初期，叶尖会出现水渍状病斑，叶片病斑逐渐扩大，变成半透明状，最后变褐坏死、落叶，严重时茎部受到危害，造成茎蔓枯死。果实受害时，初期组织水渍状软化，后期表面的病斑深入果肉导致软化腐烂，在高温高湿情况下产生白色霉状物。

防治方法：防治百香果疫病要以预防为主，一旦发现病害要迅速施药。

百香果疫病症状

（1）加强果园管理，注重果园通风透光，合理施肥，提高植株抗病性，防止过量施用氮肥。

（2）及时剪除病枝、病叶和病果，避免继续传播。

（3）发病初期可用80％代森锌可溶性粉剂或80％代森锰锌可湿性粉剂进行预防防治，每隔10天左右喷施1次，连续喷2～3次。

88. 如何防治蟋蟀、蝼蛄等地面/地下害虫？

蟋蟀、蝼蛄等地面/地下害虫属多食性害虫，以成虫、若虫在地下危害百香果的根部；在地面危害小苗，咬断嫩茎。防治方法：

（1）可将5千克豆饼或麦麸炒香晾半干后拌入杀虫双并加水，将毒饵拌潮后，按照每亩1.5～2.5千克的用量于晴天傍晚撒在苗周围以诱杀害虫。

（2）可用2％苦皮藤素乳油3 000倍液喷施植株根部。

蝼蛄

蟋蟀

蝼蛄和蟋蟀危害嫩尖和花

89. 如何防治蓟马、蚜虫等叶面害虫?

蓟马为昆虫纲缨翅目昆虫的统称,可在心叶或花蕾附近产卵。若虫常移至嫩叶、花瓣及萼片内吸食组织汁液,使被害叶片皱缩、卷曲,萼片呈灰白色,果实弯曲。该虫害可全年发生,2—5月和9—11月为发生盛期,发生初期或园区出现虫体时为最佳防治时期。

蚜虫俗称腻虫或蜜虫等,隶属于半翅目,繁殖力很强,1年能繁殖10~30个世代,世代重叠现象突出,主要危害嫩梢。蓟马和蚜虫是病毒病的主要传播途径,要做好防控。

蓟马(左)和蚜虫(右)成虫

蓟马防治方法:发生初期使用2.5%甲氰菊酯1 500倍液+70%吡虫啉8 000倍液喷雾防治,必要时每隔7天施用1次,采收前12天停止施药,注意叶片背面也要喷到;或使用10%吡丙醚1 500倍液喷雾防治,必要时每隔7天施用1次,采收前10天停止施药,且避免开花期施用。

蚜虫防治方法:悬挂黄板诱杀;使用70%吡虫啉3 000~4 500倍液或20%噻虫嗪1 000倍液或5%啶虫脒2 500倍液或20%抗蚜威2 000倍液喷雾防治,注意叶片背面也要喷到。

90. 如何进行斜纹夜蛾的综合防治?

斜纹夜蛾危害叶片时，叶背被啃食，仅留上表皮，呈透明状，或整叶被啃食而仅残留主脉，造成许多虫孔。雌虫于叶背产卵，数百粒卵常聚集成一卵块，上覆雌虫的暗黄色尾毛。幼虫初孵化时群集啃食叶背的叶肉，二、三龄后吐丝分散啃食叶片或植株幼嫩部位。该虫害全年皆可发生，3—5月及9—11月为发生盛期，发生初期或园区出现虫体时为最佳防治期。

防治方法:

(1) 喷施微生物制剂。

(2) 释放天敌基徽草蛉。基徽草蛉可以有效捕杀斜纹夜蛾幼虫。

(3) 防治时应特别注意，初孵幼虫有群栖性，一至三龄幼虫分散前为最佳喷药时机。幼虫昼伏夜出，尽量于傍晚或清晨喷药。

斜纹夜蛾
a. 成虫　b. 幼虫及蛹　c. 卵块

斜纹夜蛾啃食后的叶片

91. 百香果园是否需要防治蚂蚁？

百香果园不需要防治蚂蚁。百香果的叶片和花萼着生蜜腺，水肥供应充足、生长状态较好的植株会在蜜腺处分泌蜜水，蚂蚁受到蜜水吸引前来吸食，并不会啃食叶片、花及果实，但可有效减少大部分害虫的幼虫在百香果植株上的数量，所以不需要针对蚂蚁进行防治。

蚂蚁吸食百香果叶片上的蜜腺

92. 如何治理百香果园杂草?

果园杂草的生命力强，易疯长，不仅与百香果争夺水、肥、光等资源，还会作为病虫害的寄主，带来病虫害，影响植株的生长质量和果实的质量。在果园管理过程中，可以通过覆盖黑色塑料膜或防草布、果园生草的方法治理杂草，减少除草劳动用工。

覆盖黑色塑料膜或防草布后杂草无法生长，但需要注意的是，5 月后各百香果产区温度升高，降水增多，要及时揭开植株周围的覆盖物，防止根部损伤。

在百香果树盘以外的地方间套作矮柱花草、马蓝等，通过以草治草的方式抑制杂草生长，还可增加土壤中的有机物含量。

九、百香果采收与贮藏

 93. **百香果什么时间采收？**

百香果果实成熟时间因开花季节、温度不同而异。百香果在 4—6 月开花时，果实 60～70 天可成熟；7—8 月开花时，果实 80～90 天可成熟；9—10 月开花时，果实 100 天以上成熟。百香果在开花后第 4 周果肉转为多汁，第 8 周果皮开始转色。

紫果类百香果的果实完熟时果皮为紫色或紫红色，香味变浓；黄果类百香果完熟时果皮为黄色。对于长途运输或需长时间贮藏的果实，宜在果实着色 70%～80% 时采摘。

 94. **百香果如何采收？**

百香果采收应选在晴天早晨或傍晚，尽量不在高温时段采果。雨天或雨刚停时忌采，否则果面湿度大，堆积装箱过程中由于密闭空间发热可导致果实腐烂。采时要轻拿轻放，尽可能避免果实碰撞损伤。

采摘时不要用蛮力从果蒂处拗断。百香果果实的果柄与枝条连接处有一个结节，成熟时轻轻用力即可脱落。若过迟采收，则会自行脱落，但此时果皮局部皱缩，影响商品价值。

 95. **百香果鲜果采收后的贮藏方法有哪些？**

（1）暂存（3 天以内）。将果实装入果筐，在通风阴凉处散去田间热后，于通风阴凉处（≤25℃）贮藏。若采收温度、贮藏环境温度较高，建议利用冷库进行低温贮藏。

（2）中短期（3～15天）贮藏。将果实装入果筐，在通风阴凉处散去田间热后，送入冷库预冷，先预冷后贮藏。预冷温度11～13℃，预冷时间不宜超过24小时。贮藏温度8～10℃、湿度80%～90%。

（3）长期（15～30天）贮藏。先预冷后进行冷库贮藏。建议冷库贮藏时，选择厚度为0.02～0.03毫米的自发气调包装袋，先将其衬入果筐内，然后将果实整齐码放于袋内，待果心温度降至（8±0.5）℃，往包装袋内放入果蔬保鲜剂（1-甲基环丙烯）后，立即扎袋口进行长期贮藏。

百香果果实采摘部位

十、百香果园冬季管理

 96. 百香果园什么时候清园？

随着入冬气温渐低，果树上的病虫也进入休眠期，此时进行清园对翌年的病虫害防控能起到事半功倍的效果。从最后一批果实采收后即可开始清园，一般在每年的 12 月至翌年 2 月。在冬季光照不足、温度偏低的地区，果实无法完成转色成熟，最迟也要在翌年 1 月完成采摘并开始清园。

 97. 怎样进行冬季清园？

（1）覆盖地布的果园，应先将地布卷起来，防止清园时损坏；覆盖地膜的果园，因地膜不可降解，要先将地膜清理出园区。

（2）清理果园及周边的杂草、落叶、病果，集中深埋或销毁。

（3）对于老化植株，先剪断主干基部，晾晒半个月左右，再将植株和根系清出园区集中销毁。

（4）深翻土壤，撒生石灰或石硫合剂消毒。

 98. 百香果植株越冬管理措施有哪些？

对于要保留到下一年的部分壮苗，在晚秋修剪后不再进行冬季修剪，而是采用地面盖膜、树干涂白、打抗冻剂的方式对植株进行保护，在气温回暖时再进行重剪、施肥、打药即可。

十一、百香果采后加工

99. **百香果加工产品有哪些?**

百香果加工产品种类繁多,果肉可制作果汁还可通过发酵制成果酒、果醋,经过腌渍可制成果酱;果皮经过烘干可制成炖汤香料,经过腌渍可制成果脯;另外,百香果的香味成分也可用于制作果糕、香皂、面膜等产品。

百香果加工产品

100. **家庭可以制作哪些百香果加工食品?**

家庭可以制作简单的百香果调味果汁、百香果果脯、百香果果酒等。

101. 百香果酒有哪些分类？

（1）发酵型百香果酒。用果浆经发酵酿造而成的果酒。根据发酵程度不同，又分为全发酵果酒（果汁或者果浆中的糖分全部发酵，糖含量在 1% 以下）和半发酵果酒（果汁或者果浆中的糖分部分发酵）。发酵型果酒的酒精浓度一般较低，一般为 1%～18%；糖分含量从低于 4 克/升的干型百香果酒到高于 45 克/升的甜型百香果酒均有。

（2）蒸馏百香果酒。果汁经酒精发酵后，再通过蒸馏工艺得到的白酒。酒精浓度一般在 40% 左右，几乎没有残留糖分。

（3）调配百香果酒。百香果果汁加糖、色素、香精等食品添加剂调配而成的果味酒。这类果酒加工成本最低，是市面上最常见的百香果酒，酒精度数和甜度随消费者喜好变化，不受工艺限制。

（4）起泡百香果酒。含有在瓶中二次发酵产生的二氧化碳气体的果酒。制造工艺比传统百香果酒更复杂，但口感更丰富，酒精含量和糖度可以参考发酵型百香果酒，糖度区间有所不同。

102. 百香果酒怎么制作？

以 5 千克百香果果浆原料为例，加入 1 克偏重硫酸钾抑制杂菌繁殖，防止酒体氧化。

①2 小时后，称取 0.1 克果胶酶，用 1 克水稀释后加入发酵原料，溶解果胶。

②12 小时后，称取 1 克酵母，加入 32～35℃ 温水溶解活化 15 分钟，加入果浆中。

③24 小时后，加入 1.5 千克白砂糖，搅拌融化。

④发酵罐内发酵 7 天左右，每天摇晃醪糟，直到不再产生气泡，发酵结束。

⑤过滤后静置，吸取澄清液体，再加入 3 克皂土静置 24 小时，吸取其澄

清液，即得果酒。

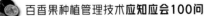

103．百香果果脯怎么制作？

①选取皮硬、新鲜的百香果削皮备用。

②对半切开果皮，将果浆分离，再将果皮对半切开。

③凉水烧开后加少许盐，放入果皮煮15分钟，去除苦涩味。

④挤干水分，称取百香果皮重量1/5的白砂糖进行腌制，加入少许柠檬汁护色。

⑤腌制1天后烘干，可储藏7天。

主 要 参 考 文 献

贵州省农业农村厅，2020. 果树高效栽培技术轻松学［M］. 北京：中国农业出版社．

李仕品，陈楠，韩秀梅，等，2019. 贵州山地百香果栽培技术［J］. 农技服务，36（8）：50-52.

李仕品，袁启凤，赵晓珍，等，2020. 贵州山地百香果垂帘式栽培技术要点［J］. 农技服务，37（12）：75-77.

史斌斌，2020. 百香果扦插育苗技术［J］. 农技服务，37（3）：61，63.

史斌斌，袁启凤，李仕品，2019. 西番莲营养及功能性成分的研究进展［J］. 贵州农业科学，47（12）：95-98.

王红林，马玉华，解璞，2021. 低温贮藏对百香果"紫香1号"果实品质的影响［J］. 贵州农业科学，49（2）：97-104.

王红林，王宇，赵晓珍，等，2021. 外源NO处理对百香果采后贮藏品质的影响［J］. 中国南方果树，50（5）：54-61.

肖图舰，袁启凤，史斌斌，等，2021. 气象灾害对百香果的影响及应对措施［J］. 农技服务，38（2）：93-94.

袁启凤，陈楠，史斌斌，等，2021. 贵州不同产区百香果"紫香1号"果实品质分析与评价［J］. 西南农业学报，34（12）：2729-2736.

袁启凤，陈楠，严佳文，等，2020. 不同架式栽培对"台农1号"百香果果实品质和产量的影响［J］. 南方农业学报，51（7）：1576-1583.

袁启凤，陈楠，严佳文，等，2021. 基于果实品质主成分分析的"黄金百香果"栽培架式评价［J］. 中国果树（1）：22-27.

袁启凤，严佳文，陈楠，等，2019. "紫香1号"百香果成熟果实的氨基酸分析与营养评价［J］. 中国南方果树，48（2）：50-54.

袁启凤，严佳文，王红林，等，2019. 百香果品种"紫香1号"果实糖、酸和维生素成分分析［J］. 中国果树（4）：43-47.

中国科学院中国植物志编辑委员会，1999. 中国植物志［M］. 北京：科学出版社．